草帽的編織

毛線球牧場

兩貓一人，於2012自創品牌，初期以商品設計為主，後期品牌重心轉為編織工作坊設計及教學，遊牧於台灣各地。

作品以自然素材為起點，透過極簡、樸實的概念，建立起獨特的品牌印象，同時在體驗材質的過程中，尋找更多手作設計的玩性與可能。

教學經歷
Xue Xue學學文創志業編織講師
各地手作教室合作教學中
POP UP ASIA x Maker's Base Tokyo
グローバルワークショップ企画

毛線球牧場 官方網站　　　　fb粉絲團 毛線球牧場
www.muscraft.tw/　　　　www.facebook.com/mumus.craft

Introduction
如何使用這本書

點、線、面，從平面到立體，
控制編織變數的加與減，探討不同帽型之間的關係。
一起參與這場編織家的帽子實驗課吧！

1　以圓形作為編織的起點

本書主題將以「好好編織一個圓形」為起點，從基礎鉤針針法開始
堆疊。接著從平面到立體，以鉤出立體造型為主軸，形塑出草帽的
模樣。

2　三款帽頂五款帽沿！簡單拆解各種草帽款式

帽頂（平帽頂、圓帽頂、尖帽頂）與三款帽沿造型（平帽沿、捲帽
沿、漁夫帽沿A＋B、遮陽長帽沿），了解控制編織變數的加與減對
帽型的影響，並搭配實作練習與編織圖進行設計解說。

3　自由選自己搭，設計專屬草帽

後續基礎與進階練習的部份，是以上述的各種帽頂與帽沿進行搭配
示範，並加入模樣編、鏤空花樣……等做細節變化。如果對於怎樣
設計搭配還沒有想法的話，就請先挑選自己喜歡的帽型試試看吧。
期待你們自行創作的樣式噢！

Contents
目錄

4　Introduction
　　如何使用這本書

Lesson1
6　編織草帽的工具與素材

Lesson2
8　從鉤織一個圓形開始

9　環狀起針
10　編織第一圈：6針短針
11　編織第二圈：做出12針
12　編織第三圈及加針規律
13　短針製作圓形的加針
　　規律表
14　每一圈是否做
　　「引拔針」的差異
16　同心圓與螺旋圓的
　　結尾方式
16　藏線
17　修正角度分散加針
18　加針針數的倍數變化

Lesson3
21　從平面到立體——帽頂

22　平帽頂
23　圓帽頂
24　尖帽頂

Lesson4
25　從平面到立體——帽沿

26　平帽沿
27　捲帽沿
28　漁夫帽沿A款
29　漁夫帽沿B款
30　遮陽長帽沿
31　利用「不加針圈數」
　　調整帽沿傾斜角度

Lesson5
32　設計量身訂做的草帽

32　如何測量頭圍
33　計算織片密度
34　帽帶環的變化式
35　加長表引長針的作法

Basic
36　基本的帽型搭配

1平帽頂
37　Basic A
38　Basic B
39　Basic C

2圓帽頂
41　Basic D
42　Basic E
43　Basic F
44　Basic G

3尖帽頂
46　Basic H
47　Basic I

Advanced
48　進階變化

49　Advanced J
50　Advanced K
51　Advanced L
52　Advanced M
53　Advanced N
54　Advanced O

How to make?
56

Basic A~Advanced O
草帽作法

88　Appendix附錄——
　　模樣編作法
90　草帽的收納與保養方法
91　Postscript後記

Lesson 1　編織草帽的工具與素材

編織草帽主要會以質地輕、材質涼爽的紙線為主，搭配鉤針便能完成一頂屬於自己的草帽了。

工具介紹

鉤針可依照個人預算及喜好，選擇不同的材質及形式。有柄的鉤針適合長時間編織使用，比較省力且好握。不同牌子的鉤針，在握柄形狀、鉤頭角度及鉤槽深度上都有所差異，這些微小的差異會影響到鉤織時的手勢及旋轉角度，進而影響到針目的樣貌。

所以即使相同號數，不同牌子編織起來的針目形狀及大小都會有細微的不同，建議同一件作品的編織過程中都使用相同的鉤針，編織起來比較不會有落差喔！

其他編織工具，像是：記號圈－用來標記針目、毛線縫針──用來藏線頭、剪刀、布尺……等等，都相當實用，可以的話請全部準備起來吧！

1

2

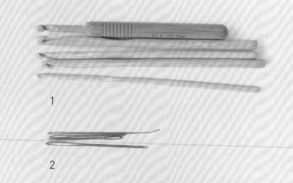

3

4　　　　　5

1. 有柄鉤針　2. 毛線縫針　3. 剪刀　4. 布尺　5. 記號圈

線材介紹

編織夏天草帽的材料，以質輕涼爽的材質為主，最有名的就是拉菲草（Raffia）。不過，真正的拉菲草台灣並沒有種植，大多是由國外進口作為花材或包裝綁材用的。其他天然材質如台灣的藺草或是月桃葉鞘等邊緣比較薄軟的纖維也可以拿來編織使用。

Natural Raffia 天然拉菲草

天然葉型，線段不連續，葉片粗細及長短不均，使用時須先處理好所需的寬度，並且處理各段葉片接續的線頭。編織的手感較硬，有微微天然蠟質的光澤感，織物造型硬挺。

Rayon Raffia 人造拉菲草

由天然植物纖維加工製造而成，屬於再生纖維。質地輕挺，線段連續且寬度固定，不需做太多前置及後續處理。編織的手感滑順，有微微光澤感，擬真程度高。依照使用鉤針針號大小的不同，可做出柔軟或硬挺等質感。

※本書使用的線材屬於此類

Paper 紙漿－木漿

剪裁成固定寬度的連續紙片做成，紙漿成分為木材，線段連續且寬度固定，不需太多前置及後續處理。編織的手感略澀，紋理樸實較無光澤感。依照使用鉤針針號大小的不同，可控制質感，但相對來說較為柔軟有垂度。

Paper 紙漿－竹漿

三股剪裁成固定寬度的連續紙片，一起揉捻而成，紙漿成分為竹子，此款線型較圓。編織的手感略澀，織目立體，織片較挺。依照使用鉤針針號大小的不同，可控制質感。

Paper 紙漿－木漿

三股剪裁成固定寬度的連續紙片，一起揉捻而成，紙漿成分為木材，此款線型雖然也是圓形，但跟上一款比是較瘦的。編織的手感略澀，紋理樸實，織片較挺。依照使用鉤針針號大小的不同，可控制質感。

Lesson 2 從鉤織一個圓形開始

鉤織圓形為草帽的基礎，在這個章節告訴大家使用鉤針的基礎手勢、起針、短針、引拔針、收尾，並說明從平面到立體的造型變數控制，利用針數的不同來鉤勒波浪帽等基礎概念。

左手持線

1　用無名指夾住線，將線繞過食指。

2　食指將線撐開，用中指及拇指固定線頭及織片。

右手拿針

◎ 握筆式

右手像拿筆一樣地拿針，用手指的力量鉤織，將鉤針的鉤頭保持朝下。

◎ 握刀式

右手像切菜一樣地握住針，用整個手掌甚至手臂的力量鉤織，適合鉤織棉線或麻線等摩擦力較大的線材時使用。

環狀起針

以手指繞成線圈是最常用的環狀起針方式,可以將第一圈束緊,圓心不留空洞,這是草帽編織的第一步。

環狀起針織圖。

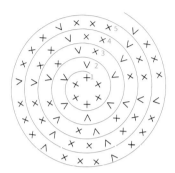

1 線頭在手指上繞兩圈。

2 右手抓住線圈交會的地方,小心不要散開。

3 左手撐開食指與中指,繞線後,再將右手的線圈接過來。

4 鉤針穿入線圈後,將線鉤出。

5 鉤針再次繞線,穿過鉤針上的小線圈。

6 完成起針(不計入針數)。

9

編織第一圈：6針短針

第一圈的針數會因為編織的針法不同有所差異，以短針做圓形的狀況來說，第一圈是編織6針短針。束緊圓心的步驟是最容易搞混的地方，請依照圖說的步驟進行。

第一圈織圖。

1 短針編織——鉤針穿入線圈後，繞線鉤出。

2 再次繞線，穿過鉤針上的兩個線圈。

3 完成一針短針。

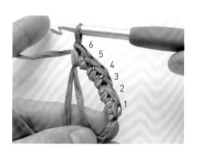

4 做完6針短針。

5 束緊圓心——輕輕拉短線頭，觀察兩個線圈中被牽引的是哪一圈。

6 將被牽引的線圈，順著剛剛被牽引的方向拉出來。

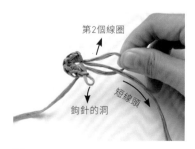

7 被束緊的線圈在針目環繞的中心，右手拿的是第2個線圈。

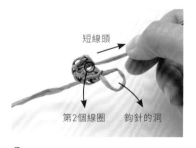

8 右手拉緊短線頭，束緊第2個線圈。

9 完成第一圈短針。

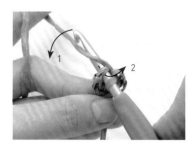

10 引拔針——鉤針穿入第一圈的第1針，繞線鉤出針目。

11 將鉤出的線圈直接穿過鉤針上的前一個線圈。

12 完成引拔針，這是用來結束一圈。

編織第二圈：做出12針

從第二圈開始，以每一圈增加6針的方式進行，在6個針目上都必須加針，做出12針。圓形的每一圈都分別有自己的加針規律，請依照編織圖的指示一圈一圈的完成，每做完一圈都需要確認針數。

第二圈編織圖。

1 鉤針繞線，做出1個鎖針。

2 開始進行第二圈的編織：將鉤針穿入線圈後，在同一個針目編織2個短針。

3 做完第一個加針。

4 做完6個加針與編織引拔針的位置。

5 用引拔針結束，完成第二圈短針圓形的編織。

編織第三圈及加針的規律

圓的第三圈編織，加針與不加針的針數開始交替且出現規律，一邊編織一邊確認其中的樣貌及差異，注意最後的針數是否正確。

第三圈編織圖。

1 鉤針繞線，做出1個鎖針。

2 第一針：編織1個短針。

3 第二針：編織加針，完成一組加針規律。

4 做完6組加針規律與編織引拔針的位置。

5 引拔針結束這一圈，完成短針圓形的第三圈。

編織第四圈

接下來的加針規律都以一圈加6針的原則進行，重複六次。

1 第四圈的一組加針規律。

2 完成第四圈的編織。

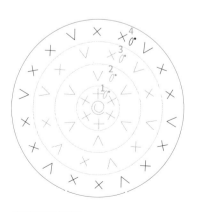

第四圈編織圖。

編織第五圈

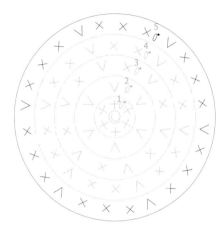

第五圈編織圖。

1 第五圈的一組加針規律。

2 完成第五圈的編織。

短針製作圓形的加針規律表

圈數	作法	總針數
1	X X X X X X	6
2	V V V V V V	12
3	VX VX VX VX VX VX	18
4	VXX VXX VXX VXX VXX VXX	24
5	VXXX VXXX VXXX VXXX VXXX VXXX	30
6	XXXX XXXXX XXXXX XXXXX XXXXX XXXXX	36

每一圈是否做「引拔針」的差異

◎ 做引拔針

　　做引拔針將一圈閉合，做出的圓形是「同心圓」。編織時，每一圈的顏色交界清楚漂亮，但都會有閉合的痕跡。

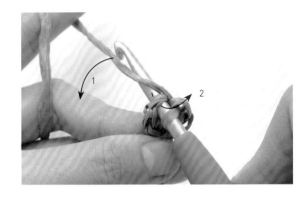

1 引拔針──鉤針直接穿入第一圈的第1針，繞線鉤出針目。

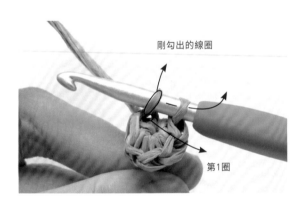

2 將鉤出的線圈直接穿過鉤針上的前一個線圈。

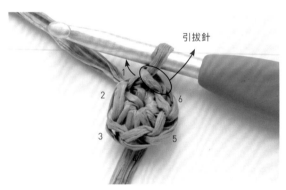

3 完成引拔針，用來結束一圈。

五圈同心圓。

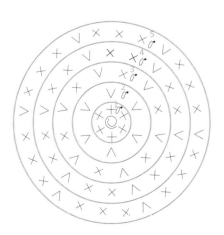

五圈同心圓編織圖。

◎ 不做引拔針 ———————

不做引拔針，每一圈不閉合，做出的圓形是「螺旋圓」，由於沒有閉合痕跡，放在配色編織時會有明顯段差。編織時，需要在每一圈的第1針上做記號。下面步驟是螺旋圓的製作步驟。

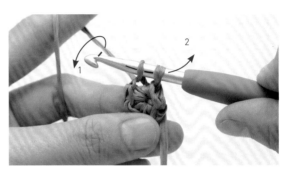

1 鉤針直接穿入第一圈的第1針，進行第二圈的短針編織。

2 在同一個針目編織2個短針。

3 完成第1個加針。

4 做完6個加針，完成短針圓形的第二圈。

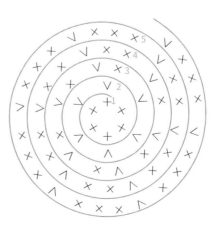

五圈螺旋圓。

五圈螺旋圓編織圖。

同心圓與螺旋圓的結尾方式

依照以下同心圓及螺旋圓兩種不同結尾方式編織
完成後，留下10至15公分線頭後剪線。

與第1針以引拔針接合

●● 直接往前多做2針引拔針

同心圓的結尾，打完所有針目後，確實的以引拔針完成一整圈的接合。

螺旋圓的結尾，打完所有針目後，多做2針引拔針，消除段差。

藏線

編織的起頭、結尾，以及換色接線時，都會留有線頭。使用針目較大的毛線縫針，就可以將線頭往針目裡面來回穿梭藏起。

1 把多出來的線頭穿過毛線縫針。

2 將線頭穿到織片的背後。

3 線頭以來回的方向藏到織目裡面。

修正角度分散加針

　　編織圓形時，如果一直照著6針的加針規律做下去的話，由於加針位置都規律的落在同一個方向，所以看起來會越來越接近六角形而不是圓形。為了避免這樣的狀況，應該適當在一些圈數中分散加針的位置，修正因為在同一方向加針所累積出的角度。

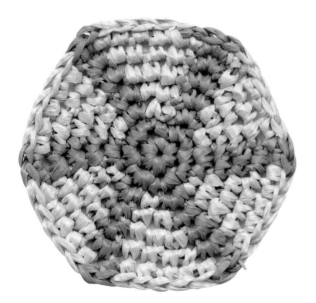

沒有分散加針位置。

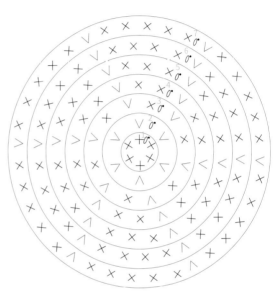

沒有分散加針位置的編織圖。

分散加針位置。

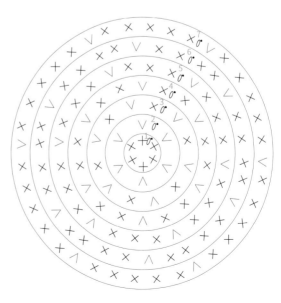

分散加針位置的編織圖。

加針針數的倍數變化

以短針編織圓形時，每圈加6針的話，會做出平坦的圓型織片。如果改變加針的倍數，形狀也會跟著改變。在一樣的總針數中，因為加針的數量不同，形成不同的波浪幅度，運用在帽頂跟帽沿上，會有截然不同的效果。可以從6針、8針、12針之間，有較多公倍數的數字們，來嘗試看看各種加針數字對形狀的變化。

※ 無論是帽頂或帽沿，只要改變加針的倍數，便能做出不同的效果。

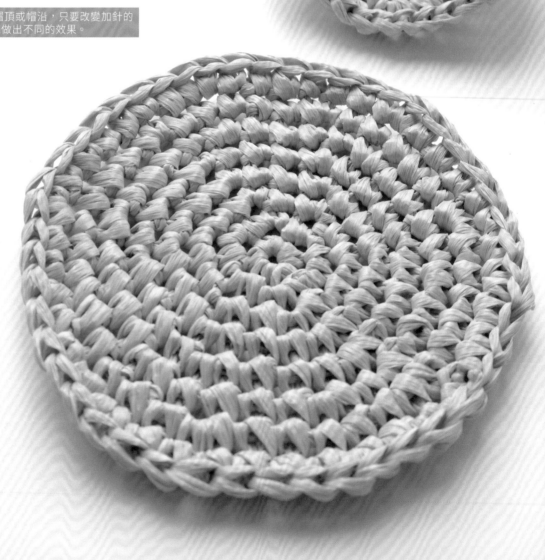

◎ 以6針為加針倍數

圈數	作法	總針數
1	X X X X X X	6
2	V V V V V V	12
3	VX VX VX VX VX VX	18
4	VXX VXX VXX VXX VXX VXX	24
5	VXXX VXXX VXXX VXXX VXXX VXXX	30
6	XXVXX XXVXX XXVXX XXVXX XXVXX XXVXX	36
7	VXXXXX VXXXXX VXXXXX VXXXXX VXXXXX VXXXXX	42
8	XXXVXX XXXVXX XXXVXX XXXVXX XXXVXX XXXVXX	48

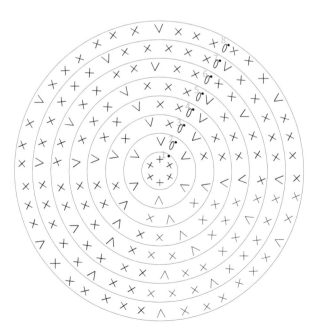

以6針為加針倍數，編織8圈，總針數48針。

以6為加針倍數，編織8圈的編織圖。

◎ 以8針為加針倍數

以8針為加針倍數，編織6圈，總針數48針。

以8為加針倍數，編織6圈的編織圖。

圈數	作法	總針數
1	X X X X X X X X	8
2	V V V V V V V V	16
3	VX VX VX VX VX VX VX VX	24
4	VXX VXX VXX VXX VXX VXX VXX VXX	32
5	VXXX VXXX VXXX VXXX VXXX VXXX VXXX VXXX	40
6	XXVXX XXVXX XXVXX XXVXX XXVXX XXVXX XXVXX XXVXX	48

◎ 以12針為加針倍數

以12針為加針倍數，編織4圈，總針數48針。

以12為加針倍數，編織4圈的編織圖。

圈數	作法	總針數
1	X X X X X X X X X X X X	12
2	V V V V V V V V V V V V	24
3	VX VX VX VX VX VX VX VX VX VX VX VX	36
4	VXX VXX VXX VXX VXX VXX VXX VXX VXX VXX VXX VXX	48

Lesson 3

從平面到立體——帽頂

編織加針圈數時，可以讓圓形往外擴展；不加針的圈數則是直接往上堆疊的感覺。從平面的圓形開始編織，利用不加針的圈數，進入立體的造型設計。

平帽頂

利用短針作圓形的加針規律，一圈加6針短針，做出平整的圓形。持續加針，並且記得適時地分散加針位置，直到針數到達想要的頭圍周長後，開始不加針，接續做帽身。在帽身與帽頂的交界處，可以用手指凹折，讓角度變得俐落。

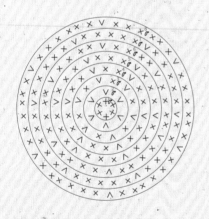

- *Tips* -

如果搭配比較高的帽身，
可以將帽頂的最後一圈加針，分配
到帽身圈數中，帽型會比較自然。

搭配矮帽身。　搭配高帽身。

圓帽頂

以一圈加6針短針的規律進行圓形編織，在接近頭圍尺寸的目標圈數之前，加入不加針的圈數，讓帽頂呈現圓滑的弧度。加入不加針圈數的時機，約略在目標圈數前三至四圈開始，可以試著在不同的位置開始加入不加針的圈數時，觀察圓帽頂弧度的改變。

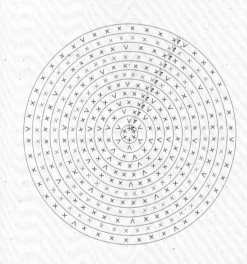

尖帽頂

　　環狀起針後，以短針一圈加6針的規律進行圓形編織，確認好帽頂最尖端的大小後，以一圈加針、一圈不加針的方式進行編織，直到目標頭圍尺寸所需要的針數為止。不加針圈數出現的時機與數量，大大地影響了尖頂帽子的高度與斜度，可以嘗試加入不同的不加針圈數所帶來的帽頂形狀變化。這款尖帽頂適合搭配極淺的帽身，甚至不需要帽身，直接繼續做帽沿也非常有趣！

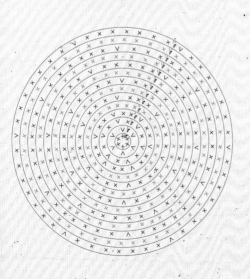

Lesson 4

從平面到立體——帽沿

決定了帽頂的形狀後，編織不加針的圈數作為帽身高度，緊接著進入帽沿的立體變化。掌握「加針－橫向平面擴展」、「不加針－直向立體堆疊」的概念，製作出不同角度的帽沿。

平帽沿

做完帽身後，延續著帽頂最後的加針針數，繼續以一圈加6針的方式進行編織。做稍長一點的平帽沿時，可以在最後一排加上一圈不加針的圈數，帽沿比較不容易塌下來。

```
×××××∨×××××∨×××∨×∨×∨×××∨×××××∨×0'6   ×××∨×∨×∨×××××
∨×××∨×∨×∨×××××∨×××∨×∨×∨×××××0'5   ∨×××∨×∨×∨×××××
×××∨×∨×∨×××××∨×××∨×∨×∨×××××0'4   ×××∨×∨×∨×××××
∨×∨×∨×××××∨×∨×∨×××××0'3   ∨×∨×∨×××××
×××∨×∨×∨×××××∨×××∨×∨×∨×××××0'2   ×××∨×∨×∨×××××
∨××××××∨×∨×∨××××××∨×∨×0'1   ∨××××××∨×∨×
```

重複6次

※ 上圖是以帽頂54針做的帽沿示範。

捲帽沿

做完帽身後，延續著帽頂最後的加針針數，繼續以一圈加6針的方式進行編織大約三至四圈後，開始編織不加針的圈數；不加針的圈數就是帽沿捲起來的部分。加針排數與不加針的排數稍作增減，也可以做出不同風格的捲帽沿，請務必試試看噢！

重複6次

※綠色×代表不加針圈數。

漁夫帽沿A款

做完帽身後，延續著帽頂最後的加針
針數，繼續以一圈加6針的方式進行編織。
漁夫帽沿A款先做完三排加針，加入一排不
加針圈數後，再繼續編完三排加針。

X	X	X	X	X	X	X	X	X	X	X	X	X	V	X	X	X	X	X	✕⌒7	X	X	X	X	X	X	V	X	X	X	X	X	X	X

(編織圖表 — pattern chart, rows 1–7)

重複6次

※ 綠色×代表不加針圈數。

漁夫帽沿B款

漁夫帽沿B款則是先做完二排加針圈數後，加入一排不加針圈數，再做兩排加針，一排不加針，最後用二排加針圈數收尾，比起漁夫帽沿A款來說，這樣做出的帽沿角度較大。

XXXXXXXXXXXXXVXXXXXXXXXXXXVXXXXXXXXXXXXo8 XXXXXXXXXXXVXXXX
VXXXXXXXXXXXXXXXXVXXXXXXXXXXXXXXXXVXXo7 VXXXXXXXXXXXXXXX
XXXXXXXXXXXXXXXXXXXXXXXXXXXXXXXXXXXXo6 XXXXXXXXXXXXXXXX
XXXXXXXXXXXXXXXXXXXXXXXXXXXVXXXXXXXo5 XXXXXXXXXXXX
VXXXXXXXXXXXXXXXXXVXXXXXXXXXXXXXXXXo4 VXXXXXXXXXX
XXXXXXXXXXXXXXXXXXXXXXXXXXXXXXXXXXXo3 XXXXXXXXXX
XXXXXVXXXXXXXXXXXXXXXXVXXXXXXXXXXXXo2 XXXXXVXXXX
VXXXXXXXXXXXXXXXXVXXXXXXXXXXXXo1 VXXXXXXXX

重複6次。

※ 綠色×代表不加針圈數。

29

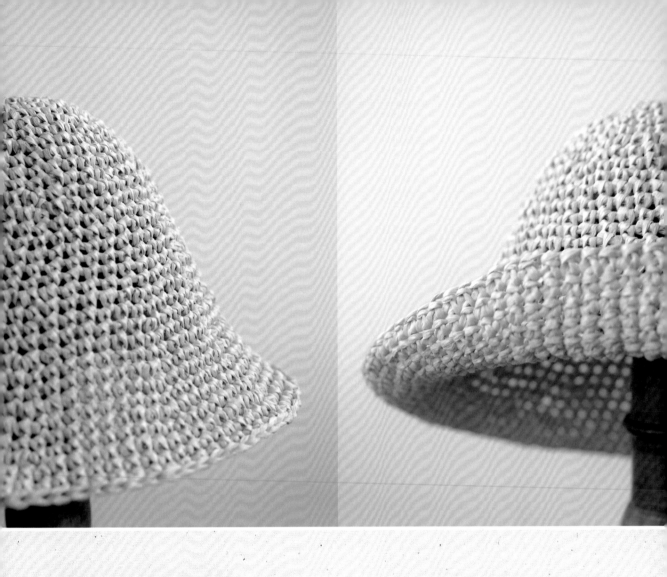

遮陽長帽沿

漁夫帽沿的款式很適合延伸作為具有遮陽功能的長帽沿，作法相當於漁夫帽沿加上捲帽沿的應用。範例以漁夫帽沿B款的加針作法將帽沿長度加長後，最後加入三圈不加針來收尾。不加針的部分在配戴時，可以將前方帽沿翻折起來。

加長帽沿長度

重複6次

利用「不加針圈數」
調整帽沿傾斜角度

在加針的圈數中，適時加入不加針的圈數，可以
做出向下傾斜的帽沿。請嘗試看看加針與不加針之間
不同的圈數搭配，對帽沿角度的影響。

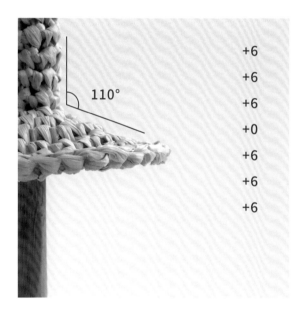

110°

+6
+6
+6
+0
+6
+6
+6

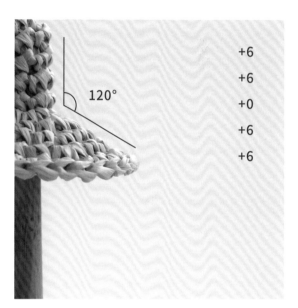

120°

+6
+6
+0
+6
+6

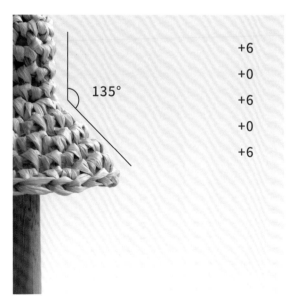

135°

+6
+0
+6
+0
+6

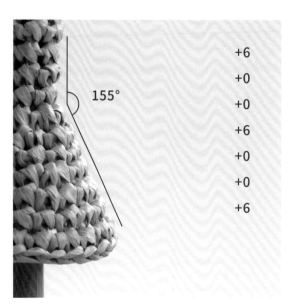

155°

+6
+0
+0
+6
+0
+0
+6

Lesson 5
設計量身訂做的草帽

幫自己訂做一頂最合適的草帽，有幾個方向是我們可以掌握的，最基本的便是測量頭圍、計算織片的密度，這關係到這頂草帽是否適合你的頭型。此外，利用變化帽帶環的方式，也能在造型上做出與眾不同的帽子哦！

如何測量頭圍

頭圍尺寸，以布尺從前額中心、耳上一公分、至頭後隆起處下方一公分位置量一整圈，量測時將食指指尖放在布尺內側作為鬆份*。頭頂弧長尺寸，以布尺從左耳上一公分，從頭頂量到右耳上一公分。實際編織時，因手勁略有不同，數據會有所調整，可以實際試戴的話當然是最準確的！

※ 鬆份：指幫頭預留一些空間，才不會太貼頭。

測量頭圍。

測量頭頂弧長（圓頂帽身）。

測量側頭高（平頂帽身）。

計算織片密度

編織密度與手勁有關，一樣的線材跟針號，不同的人打起來的密度會不太一樣，編織之前，請務必先確認編織圖說的建議密度與自己試打織片的密度差異，進一步調整編織手勁或針號，以達到理想的完成尺寸。試打織片時，一般是以10×10公分的正方形織片為基準，測量其中的針數與行數。不過，編織帽子時，因為都是圓形編織，我習慣直接編織一個小圓來測量。

以鉤針日規7/0號，編織六圈短針做圓形，我們最後一圈針數為36針來示範計算：

圓周長的計算方式

圓的直徑7公分 × 圓周率3.14＝21.98公分
也就是說36針的長度約為21.98公分，計算下來，1公分＝1.64針。
如果要編織58公分頭圍，就必須織到58×1.64＝95.12針。
以6針的倍數來說，最接近的應該是96針，由此得到58公分頭圍的密度針數！
以此類推可以算出不同頭圍的所需針數。

※ 提醒大家，因為每個人編織手勁不同的關係，
使用同樣針號與線材也會得到不一樣的答案喔！

各種針號的織片密度比較

  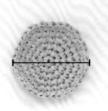 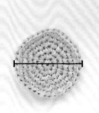

針號 8/0
排數 6
針數 36

直徑 7.8cm
周長 24.49cm
1cm=1.47針

針號 7/0
排數 6
針數 36

直徑 7cm
周長 21.98cm
1cm=1.64針

針號 6/0
排數 6
針數 36

直徑 6.3cm
周長 19.78cm
1cm=1.82針

針號 5/0
排數 6
針數 36

直徑 5.5cm
周長 17.27cm
1cm=2.08針

帽帶環的變化式

帽帶環為帽帶身與帽沿交界的地方。我們可以利用「表引」這樣的入針方式，製作出不需接線，在編織過程中一體成形的帽帶環。製作的時機是在編織帽身最後一排時，平均分配「表引針」的數量在帽身上，也能視自己的喜好製作在需要的針數上；依照帽帶的寬度可製作不同大小的帽帶環，是很自由的作法。

帽帶環可用來繫上緞帶或繩結。

◎ 表引長針的作法

表引長針的編織圖。

1 入針前先在鉤針上繞線一圈。

2 依照帽帶環的寬度往下決定入針的排數。

3 鉤針繞線後勾出針。

4 繞線後穿出。

5 再次繞線後穿出。

6 完成一針表引長針。

做完表引長針後就完成了帽帶環，接下來繼續編織短針就可以了。要注意的是，必須跳過一針短針。

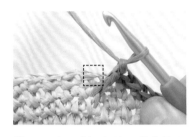
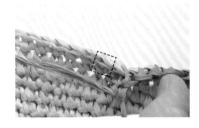

從正面看，跳過表引長針背後那針短針。

從背後看的樣子。

接著編織短針。

加長表引長針的作法

1 入針前先在鉤針上繞線，所需長度越長就要繞越多圈。

2 依照帽帶環的寬度，往下決定入針的排數。

3 鉤針繞線後勾出針目。

4 繞線後，穿出鉤針上前2個線圈，此時針上會剩4圈。

5 繞線後，穿出鉤針上前2個線圈，此時針上會剩3圈。

6 繞線後，穿出鉤針上前2個線圈，此時針上會剩2圈。

7 繞線後穿出。

8 完成一針表引長針。

Basic

基本的帽型搭配

1 平帽頂

帽頂為平整的圓形。
以短針作圓形的加針規律，
一圈加6針短針，做出平整的圓形。

Basic

A

平帽頂 + 平帽沿

使用單股線編織，環狀起針，以同心圓方式編織，
每段結束時須製作引拔針。

▶ 作法請參照P.58・P.59

Basic

B

平帽頂 ＋ 捲帽沿

使用單股線編織，環狀起針，以螺旋圓方式編織，
每段第一針請放記號圈。
帽身餘第13排的指定針數，編織表引長針作為帽帶環。

▶ 作法請參照P.60・P.61

Basic

C

平帽頂　漁夫帽沿

帽身的第17排，在指定針數編織表引長針作為帽帶環。

帽沿編織完成後，多織3個引拔針處理螺旋段差。

▶ 作法請參照P.62 · P.63

2 圓帽頂

帽身從側面看呈半圓形狀。
以一圈加6針短針的規律進行圓形編織，
在接近頭圍尺寸的目標圈數之前，
加入不加針的圈數，讓帽頂出現圓滑的弧度。

Basic

D

圓帽頂　＋　平帽沿

環狀起針，以同心圓方式編織，每段結束時需製作引拔針。
帽身的最後一排編織表引長針作為帽帶環。

▶ 作法請參照P.64・P.65

Basic

E

圓帽頂 ＋ 捲帽沿

使用單股線編織。

環狀起針，以螺旋圓方式編織，每段第一針請放記號圈。

▶ 作法請參照P.66・P.67

圓帽頂　＋　漁夫帽沿

使用單股線編織。

環狀起針，以螺旋圓方式編織，每段第一針請放記號圈。

▶ 作法請參照P.68・P.69

Basic

G

圓帽頂　遮陽長帽沿

帽身的最後一排，請記得編織表引長針作為帽帶環。
打鎖針作為帽帶使用，長度可依個人喜好。

▶ 作法請參照P.70・P.71

尖帽頂

帽身從側面看呈圓椎形，像座小山。
以一圈加針、一圈不加針的方式進行編織。
不加針圈數出現的時機與數量，
大大的影響了尖頂帽子的高度與斜度。

H

尖帽頂 + 捲帽沿

依照編織圖的指示編織,請注意針數。
帽沿編織完成後,多織3個引拔針處理螺旋段差。

▶ 作法請參照P.72・P.73

Basic

I

尖帽頂　　漁夫帽沿

依照編織圖的指示編織，請注意針數。

帽沿編織完成後，多織3個引拔針處理螺旋段差。

▶ 作法請參照P74・P75

Advanced

進階變化

學會3款帽頂與4款帽沿的作法與搭配後，
只要加上模樣編、配色或是鏤空花樣等技巧，
便能設計各種自己喜歡的帽型樣式哦！

Advanced

J

平帽頂　＋　平帽沿　＋　模樣編

環狀起針，以同心圓方式編織，每段結束時需製作引拔針。
帽身的模樣編為3針一組，注意入針位置。

▶ 作法請參照P.76・P.77・P.88

Advanced

K

平帽頂 ＋ 遮陽長帽沿 ＋ 帽沿配色

環狀起針，以同心圓方式編織，
每段結束時需製作引拔針。
帽沿最後6排換色編織。

▶ 作法請參照P.78・P.79

Advanced

L

圓帽頂 ＋ 捲帽沿 ＋ 模樣編

依照編織圖的指示編織，請注意針數。
帽沿的模樣編為4針一組，要注意入針的位置。

▶ 作法請參照P.80・P.81・P.88

Advanced

M

圓帽頂　遮陽長帽沿　鏤空模樣編

環狀起針，以同心圓方式編織，
每段結束時需製作引拔針。
帽身的模樣編為3針一組，注意入針位置。

▶ 作法請參照P.82 · P.83

Advanced

N

圓帽頂　　平帽沿　　捲帽沿　　模樣編

用主色環狀起針，

以螺旋圓方式編織，每段第一針請放記號圈。

請特別注意帽身入針要挑短針背後的一條橫線編織。

▶ 作法請參照P.84・P.85・P.89

Advanced

O

平帽頂　漁夫短帽沿　模樣編

帽身最後三排換色編織。
帽沿最後一排換色編織，
完成後，多織三個引拔針處理螺旋段差。

▶ 作法請參照P.86・P.87・P.89

How to make ?

A

Basic ⇒ P.22・P.26
Arrange ⇒ P.37

材料與工具

使用線材：Ispie 拉菲草紗（125g/捲）
使用色號：咖啡色，用量約120g
使用工具：日規6/0號鉤針
完成尺寸：頭圍56cm、帽身約8.5cm、帽沿8cm

編織方法

① 使用單股線編織。
② 環狀起針，以同心圓方式編織，每段結束時需製作引拔針。
③ 依照編織圖的指示編織，請注意針數。
④ 帽身的最後一排，請記得編織表引長針作為帽帶環。

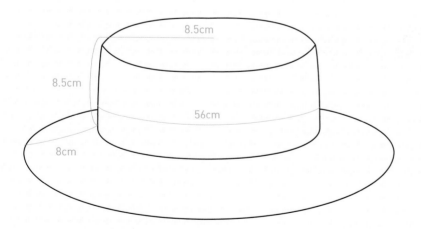

8.5cm
8.5cm
56cm
8cm

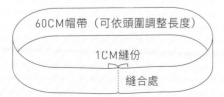

60CM帽帶（可依頭圍調整長度）
1CM縫份
縫合處

	圈數	針數
帽沿	16	192
	15	192
	14	186
	13	180
	12	174
	11	168
	10	162
	9	156
	8	150
	7	144
	6	138
	5	132
	4	126
	3	120
	2	114
	1	108
帽身	18	102
	1~17	102
	17	102
	16	96
	15	90
	14	84
	13	78
	12	72
	11	66
	10	60
帽頂	9	54
	8	48
	7	42
	6	36
	5	30
	4	24
	3	18
	2	12
	1	6

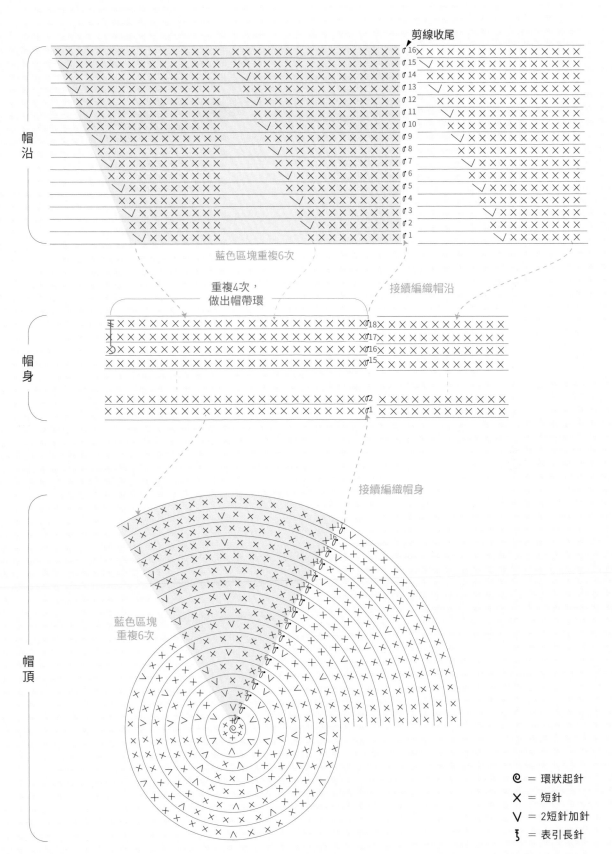

B

Basic ⇒ P.22 · P.27
Arrange ⇒ P.38

材料與工具

使用線材：Ispie 拉菲草紗（125g/捲）
使用色號：奶茶色，用量約70g
使用工具：日規8/0號鉤針
完成尺寸：頭圍59cm、帽身約8.5cm、帽沿6cm（捲起部分約3cm）

編織方法

① 使用單股線編織。
② 環狀起針，以螺旋圓方式編織，每段第一針請放記號圈。
③ 依照編織圖的指示編織，請注意針數。
④ 帽身第13排在指定針數，編織表引長針作為帽帶環。
⑤ 帽沿編織完成後，多織3個引拔針處理螺旋段差，剪線結束。

	圈數	針數
帽沿	5~8	102
	4	102
	3	96
	2	90
	1	84
帽身	13	78
	1~12	78
帽頂	13	78
	12	72
	11	66
	10	60
	9	54
	8	48
	7	42
	6	36
	5	30
	4	24
	3	18
	2	12
	1	6

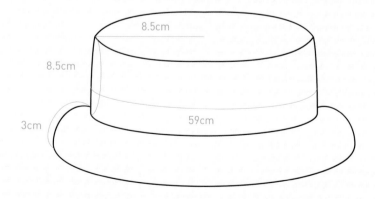

8.5cm

8.5cm

3cm

59cm

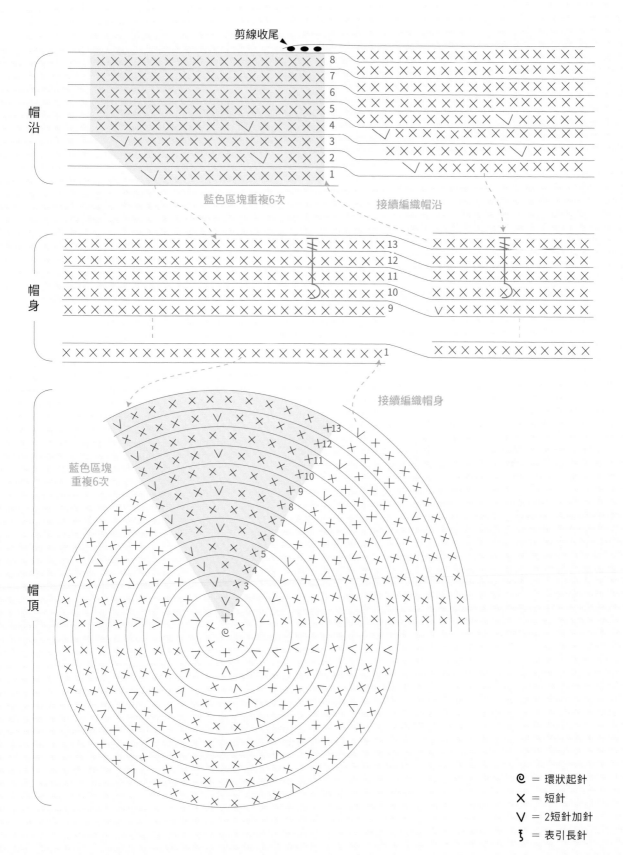

剪線收尾

8
7
6
5
4
3
2
1

帽沿

藍色區塊重複6次

接續編織帽沿

帽身

13
12
11
10
9

1

接續編織帽身

帽頂

藍色區塊
重複6次

13
12
11
10
9
8
7
6
5
4
3
2
1

℮ ＝ 環狀起針

✕ ＝ 短針

Ⅴ ＝ 2短針加針

ζ ＝ 表引長針

Basic ⇒ P.22 · P.28
Arrange ⇒ P.39

材料與工具

使用線材：Ispie 拉菲草紗（125g/捲）
使用色號：奶茶色，用量約96g
使用工具：日規7/0號鉤針
完成尺寸：頭圍58cm、帽身約9cm、帽沿8cm

編織方法

① 使用單股線編織。
② 環狀起針，以螺旋圓方式編織，每段第一針請放記號圈。
③ 依照編織圖的指示編織，請注意針數。
④ 做到帽身第17排，在指定針數編織表引長針作為帽帶環。
⑤ 帽沿編織完成後，多織3個引拔針處理螺旋段差，剪線結束。

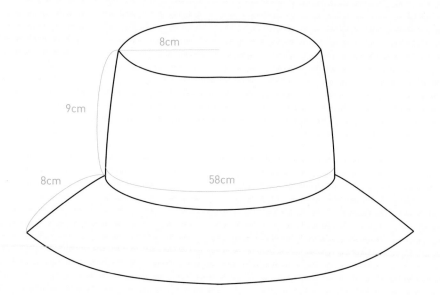

	圈數	針數
帽沿	14	150
	13	144
	12	138
	11	138
	10	132
	9	126
	8	120
	7	120
	6	114
	5	108
	4	102
	3	102
	2	96
	1	90
帽身	8~17	84
	7	84
	1~6	78
帽頂	13	78
	12	72
	11	66
	10	60
	9	54
	8	48
	7	42
	6	36
	5	30
	4	24
	3	18
	2	12
	1	6

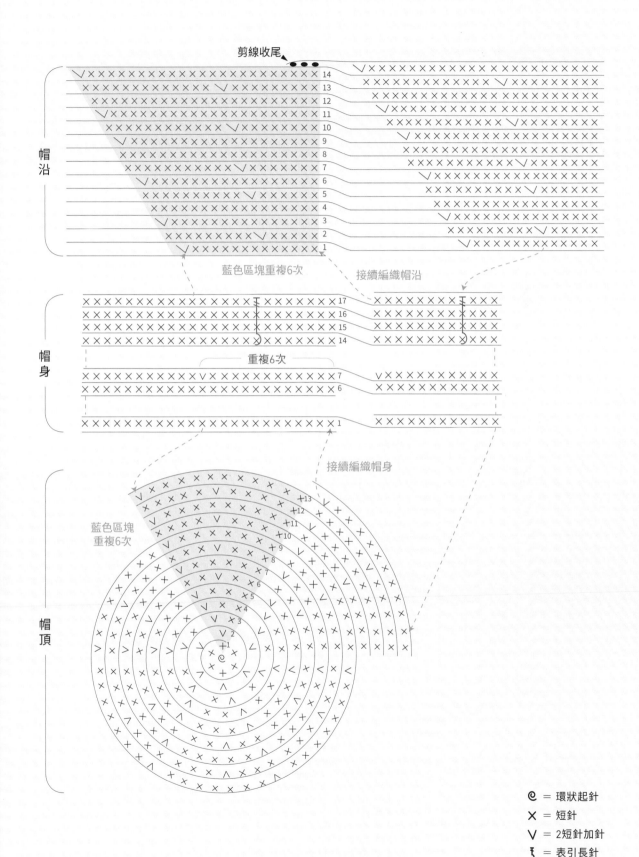

剪線收尾

帽沿

14
13
12
11
10
9
8
7
6
5
4
3
2
1

藍色區塊重複6次　　接續編織帽沿

帽身

17
16
15
14

重複6次

7
6

1

接續編織帽身

帽頂

藍色區塊
重複6次

+13
+12
+11
+10
9
+8
7
6
×5
4
3
2
+1

✆ = 環狀起針

✕ = 短針

✀ = 2短針加針

🥢 = 表引長針

D

Basic ⇒ P.23 · P.26
Arrange ⇒ P.41

材料與工具

使用線材：Ispie 拉菲草紗（125g/捲）
使用色號：微草色，用量約110g
使用工具：日規6/0號鉤針
完成尺寸：頭圍59cm、帽身約11cm、帽沿5.5cm

編織方法

① 使用單股線編織。
② 環狀起針，以同心圓方式編織，每段結束時需製作引拔針。
③ 依照編織圖的指示編織，請注意針數。
④ 帽身的最後一排，請記得編織表引長針作為帽帶環。
⑤ 最後，另外打鎖針作為帽帶使用，長度可依個人喜好。

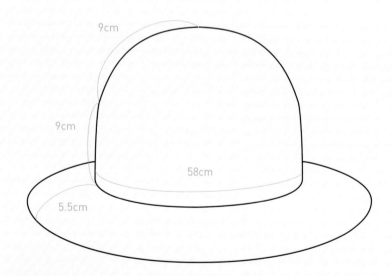

9cm

9cm

58cm

5.5cm

帽帶作法

帽帶以鎖針編織約40cm
或依個人喜好。

	圈數	針數
帽沿	10	162
	9	156
	8	150
	7	144
	6	138
	5	132
	4	126
	3	120
	2	114
	1	108
帽身	12	102
	1~11	102
帽頂	23	102
	22	96
	21	96
	20	90
	19	90
	18	84
	17	84
	16	78
	15	78
	14	72
	13	72
	12	66
	11	66
	10	60
	9	54
	8	48
	7	42
	6	36
	5	30
	4	24
	3	18
	2	12
	1	6

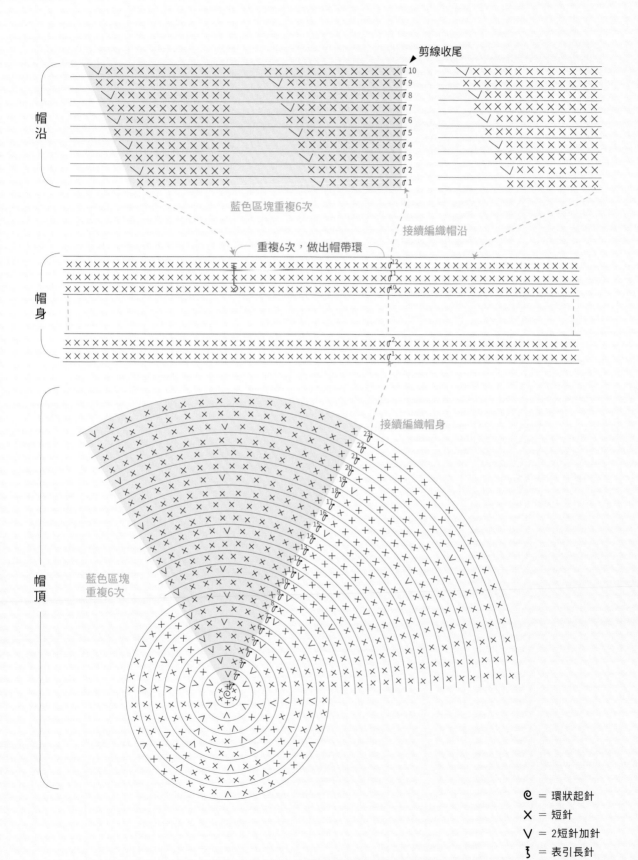

剪線收尾

帽沿

藍色區塊重複6次

接續編織帽沿

重複6次，做出帽帶環

帽身

接續編織帽身

帽頂

藍色區塊
重複6次

e = 環狀起針

X = 短針

V = 2短針加針

ʒ = 表引長針

Basic ⇒ P.23・P.27
Arrange ⇒ P.42

材料與工具

使用線材：Ispie 拉菲草紗（125g/捲）
使用色號：咖啡色，用量約78g
使用工具：日規7/0號鉤針
完成尺寸：頭圍59cm、側弧長約19cm、帽沿5.5cm（捲起
部分約3cm）

編織方法

① 使用單股線編織。
② 環狀起針，以螺旋圓方式編織，每段第一針請放記號圈。
③ 依照編織圖的指示編織，請注意針數。

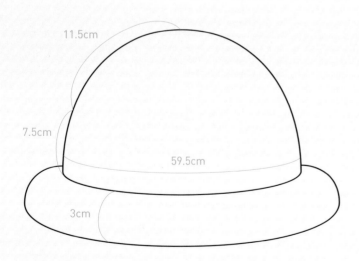

11.5cm

7.5cm

59.5cm

3cm

	圈數	針數
帽沿	5~10	108
	4	108
	3	102
	2	96
	1	90
帽身	1~12	84
	18	84
	17	78
	16	78
	15	72
	14	72
	13	66
	12	66
	11	60
帽頂	10	60
	9	54
	8	48
	7	42
	6	36
	5	30
	4	24
	3	18
	2	12
	1	6

剪線收尾

帽
沿

	10
	9
	8
	7
	6
	5
	4
	3
	2
	1

藍色區塊重複6次

接續編織帽沿

帽
身

	12
	11
	10
	2
	1

接續編織帽身

帽
頂

藍色區塊
重複6次

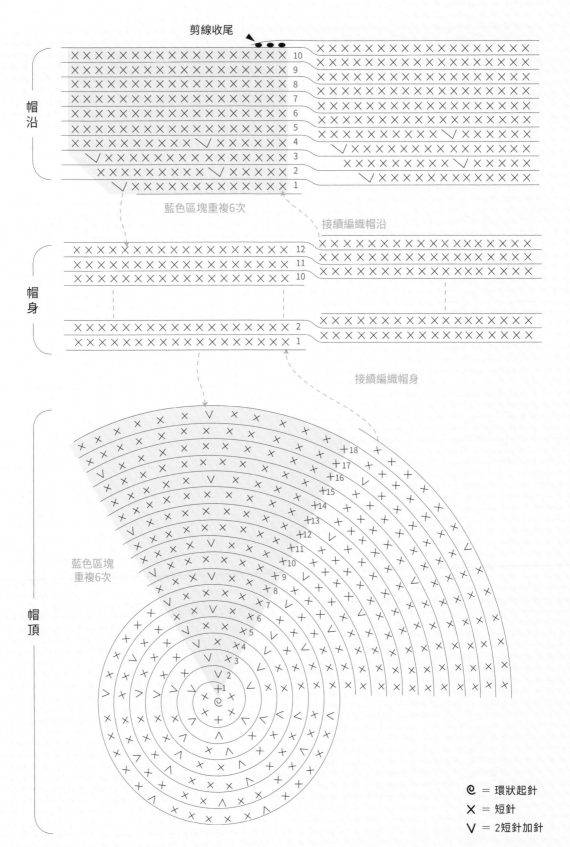

℮ = 環狀起針

✕ = 短針

∨ = 2短針加針

Basic ⇒ P.23 · P.29
Arrange ⇒ P.43

材料與工具

使用線材：Ispie 拉菲草紗（125g/捲）
使用色號：灰藕色，用量約80g
使用工具：日規7/0號鉤針
完成尺寸：頭圍57cm、側弧長約17cm、帽沿8cm

編織方法

① 使用單股線編織。
② 環狀起針，螺旋圓方式編織，每段第一針請放記號圈。
③ 依照編織圖的指示編織，請注意針數。

	圈數	針數
帽沿	14	150
	13	144
	12	138
	11	138
	10	132
	9	126
	8	120
	7	120
	6	114
	5	108
	4	102
	3	102
	2	96
	1	90
帽身	1~11	84
帽頂	18	84
	17	78
	16	78
	15	72
	14	72
	13	66
	12	66
	11	60
	10	60
	9	54
	8	48
	7	42
	6	36
	5	30
	4	24
	3	18
	2	12
	1	6

11cm

6cm

8cm

57cm

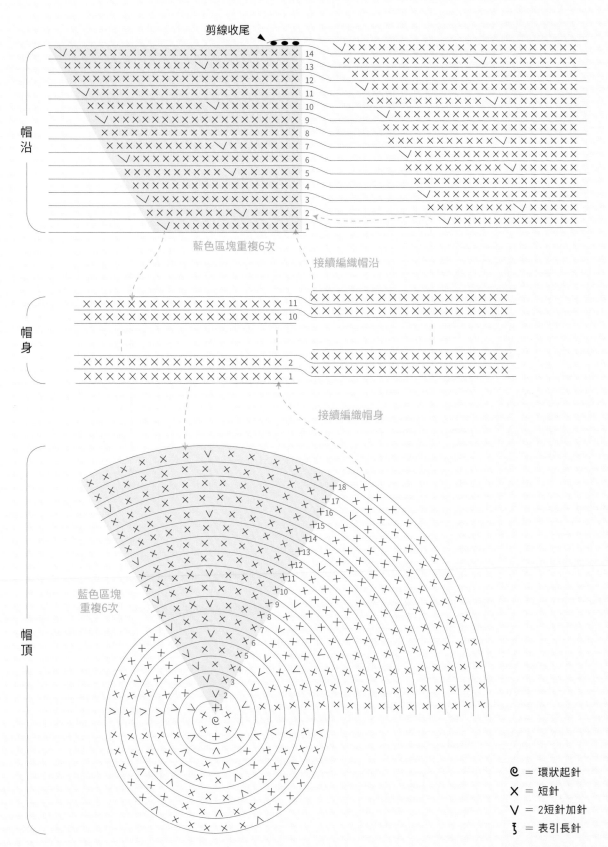

剪線收尾

帽沿

14
13
12
11
10
9
8
7
6
5
4
3
2
1

藍色區塊重複6次

接續編織帽沿

帽身

11
10

2
1

接續編織帽身

帽頂

藍色區塊
重複6次

18
17
16
15
14
13
12
11
10
9
8
7
6
5
4
3
2
1

℮ = 環狀起針

✕ = 短針

∨ = 2短針加針

ʒ = 表引長針

Basic ⇒ P.23・P.30
Arrange ⇒ P.44

材料與工具

使用線材：Ispie 拉菲草紗（125g/捲）
使用色號：咖啡色、奶茶色、夜藍色、微草色，用量皆約125g
使用工具：日規8/0號鉤針
完成尺寸：頭圍57cm、側弧長約18.5cm、帽沿12cm

編織方法

① 使用單股線編織。
② 環狀起針，以螺旋圓方式編織，每段第一針請放記號圈。
③ 依照編織圖的指示編織，請注意針數。
④ 帽身的最後一排，請記得編織表引長針作為帽帶環。
⑤ 最後，另外打鎖針作為帽帶使用，長度可依個人喜好。

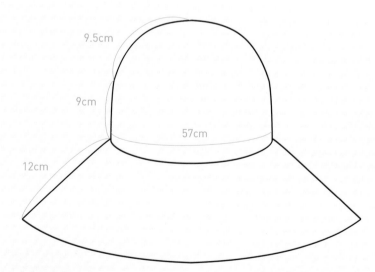

9.5cm
9cm
57cm
12cm

帽帶作法

帽帶以鎖針編織約40cm
或依個人喜好。

	圈數	針數
帽沿	16~20	144
	15	144
	13~14	132
	12	132
	10~11	120
	9	120
	7~8	108
	6	108
	4~5	96
	3	96
	2	84
	1	84
帽身	12	78
	1~11	78
帽頂	15	78
	14	72
	13	66
	12	66
	11	60
	10	60
	9	54
	8	48
	7	42
	6	36
	5	30
	4	24
	3	18
	2	12
	1	6

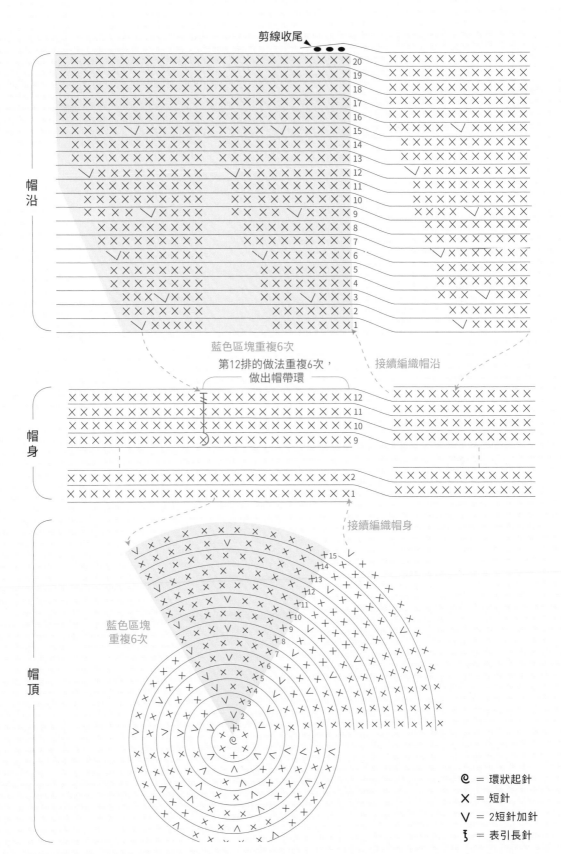

剪線收尾

帽沿

藍色區塊重複6次

第12排的做法重複6次，
做出帽帶環

接續編織帽沿

帽身

接續編織帽身

帽頂

藍色區塊
重複6次

⦿ ＝ 環狀起針

✕ ＝ 短針

Ⅴ ＝ 2短針加針

ʒ ＝ 表引長針

Basic ⇒ P.24 · P.27
Arrange ⇒ P.46

材料與工具

使用線材：Ispie 拉菲草紗（125g/捲）
使用色號：主色－咖啡色，用量約49g；配色－石墨色用量約4g。
使用工具：日規8/0號鉤針
完成尺寸：頭圍53cm、側弧長約15cm、帽沿捲起約3.5cm

編織方法

① 使用單股線編織。
② 環狀起針，以螺旋圓方式編織，每段第一針請放記號圈。
③ 依照編織圖的指示編織，請注意針數。
④ 帽沿最後一排換石墨色編織。
⑤ 帽沿編織完成後，多織3個引拔針處理螺旋段差，剪線結束。

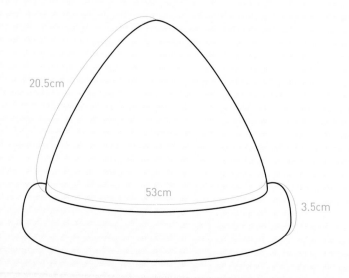

20.5cm

53cm

3.5cm

	圈數	針數
帽沿	3~7	90
	2	90
	1	84
帽身	1~3	78
帽頂	25	78
	24	72
	23	72
	22	66
	21	66
	20	60
	19	60
	18	54
	17	54
	16	48
	15	48
	14	42
	13	42
	12	36
	11	36
	10	30
	9	30
	8	24
	7	24
	6	18
	5	18
	4	12
	3	12
	2	6
	1	6

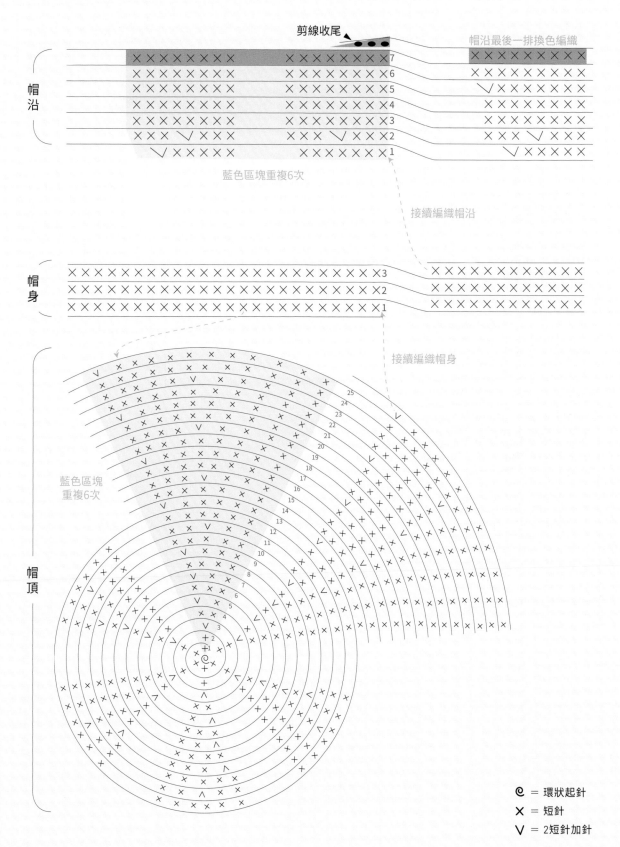

剪線收尾 ◥

帽沿最後一排換色編織

帽沿

藍色區塊重複6次

接續編織帽沿

帽身

接續編織帽身

帽頂

藍色區塊
重複6次

𝕖 = 環狀起針

✕ = 短針

∨ = 2短針加針

I

Basic ⇒ P.24・P.30
Arrange ⇒ P.47

材料與工具

使用線材：Ispie 拉菲草紗（125g/捲）
使用色號：主色－奶茶色，用量約80g；配色－咖啡色，用量約5g
使用工具：日規7/0號鉤針
完成尺寸：頭圍59cm、側弧長約20.5cm、帽沿3.5cm

編織方法

① 使用單股線編織。
② 環狀起針，以螺旋圓方式編織，每段第一針請放記號圈。
③ 依照編織圖的指示編織，請注意針數。
④ 帽沿最後一排換色咖啡色編織。
⑤ 帽沿編織完成後，多織3個引拔針處理螺旋段差，剪線結束。

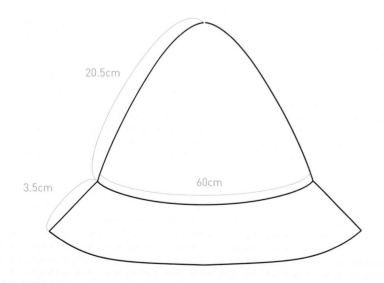

	圈數	針數
帽沿	13	144
	12	144
	11	144
	10	132
	9	132
	8	132
	7	120
	6	120
	5	120
	4	108
	3	108
	2	108
	1	96
帽身	1~7	90
	26	90
	25	84
	24	84
	23	78
	22	78
	21	72
	20	72
	19	66
	18	66
	17	60
	16	60
	15	54
帽頂	14	54
	13	48
	12	48
	11	42
	10	42
	9	36
	8	36
	7	30
	6	30
	5	24
	4	24
	3	18
	2	12
	1	6

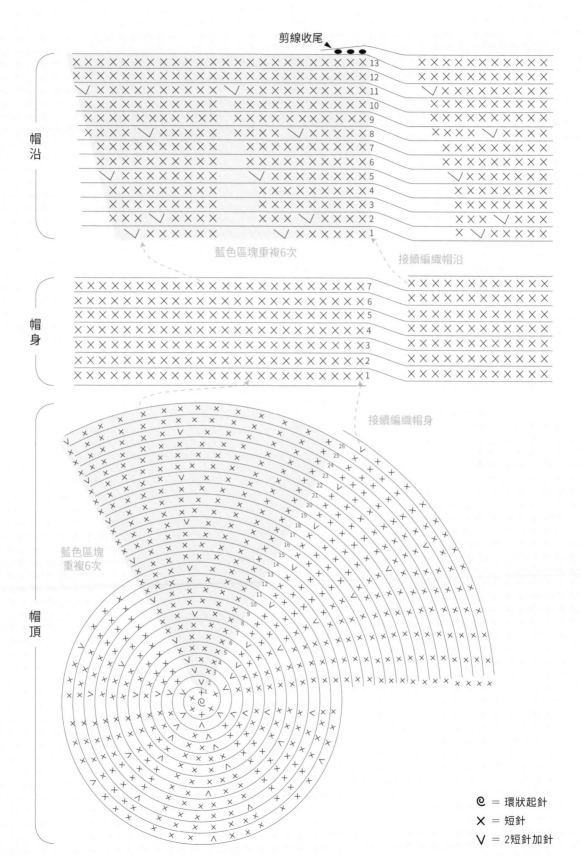

剪線收尾

帽
沿

藍色區塊重複6次

接續編織帽沿

帽
身

接續編織帽身

帽
頂

藍色區塊
重複6次

🌀 ＝ 環狀起針

✕ ＝ 短針

V ＝ 2短針加針

75

材料與工具

使用線材：Ispie 拉菲草紗
　　　　　（125g/捲）
使用色號：奶茶色，用量約110g
使用工具：日規7/0號鉤針
完成尺寸：頭圍59cm、帽身約
　　　　　8.5cm、帽沿9cm

編織方法

① 使用單股線編織。
② 環狀起針，以同心圓方式編織，
　每段結束時需製作引拔針。
③ 依照編織圖的指示編織，請注意
　針數。
④ 帽身的模樣編為3針一組，注意
　入針位置。

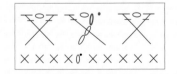

花樣作法

3針為一組花樣，由長針、鎖針、長針組成。

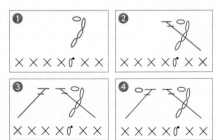

◎ 花樣一圈結束時，引拔針
　的位置。

	圈數	針數
帽沿	17	192
	16	192
	15	186
	14	180
	13	174
	12	168
	11	162
	10	156
	9	150
	8	144
	7	138
	6	132
	5	126
	4	120
	3	114
	2	108
	1	102
帽身	9~14	96
	1~8	96
帽頂	16	96
	15	90
	14	84
	13	78
	12	72
	11	66
	10	60
	9	54
	8	48
	7	42
	6	36
	5	30
	4	24
	3	18
	2	12
	1	6

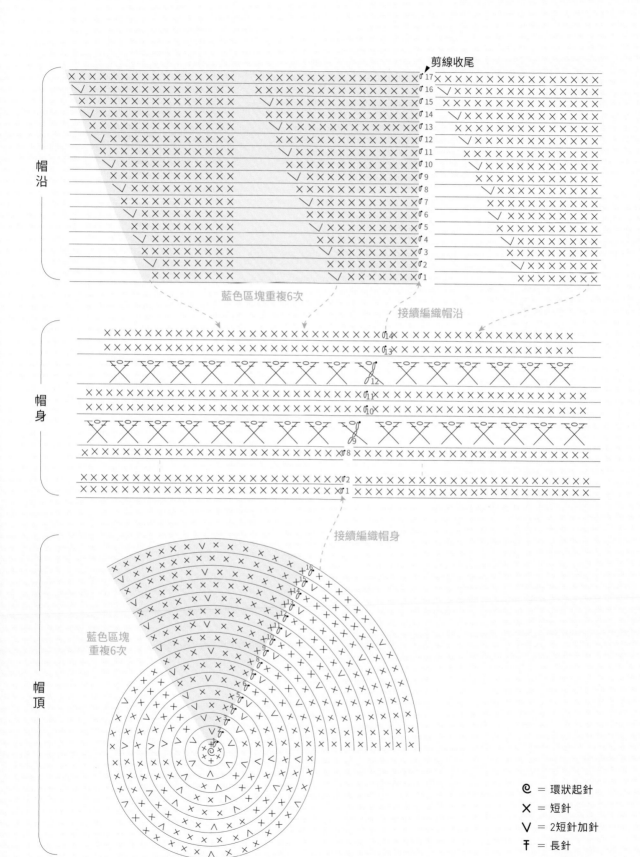

帽沿

帽身

帽頂

剪線收尾

藍色區塊重複6次

接續編織帽沿

接續編織帽身

藍色區塊
重複6次

e = 環狀起針
X = 短針
V = 2短針加針
Ŧ = 長針
o = 鎖針

Advanced ⇒ P.22・P.30
Arrange ⇒ P.50

材料與工具

使用線材：Ispie 拉菲草紗（125g/捲）
使用色號：
主色—奶茶色或咖啡色，用量約100g；
配色—月光色或石墨色，用量約30g
使用工具：日規7/0號鉤針
完成尺寸：頭圍57.5cm、帽身約9.5cm、帽沿14cm

編織方法

① 使用主色單股線編織。
② 環狀起針，以同心圓方式編織，每段結束時需製作引拔針。
③ 依照編織圖的指示進行，請注意針數。
④ 帽身第7排加6針。
⑤ 帽沿最後6排換配色線編織。

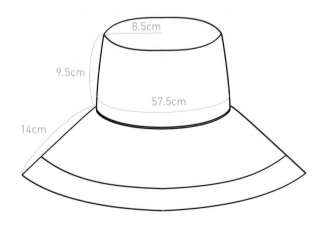

帽帶作法

帽帶以鎖針編織約40cm
或依個人喜好。

	圈數	針數
帽沿	16~22	162
	15	162
	14	156
	13	150
	12	144
	11	144
	10	138
	9	132
	8	126
	7	126
	6	120
	5	114
	4	108
	3	108
	2	102
	1	96
帽身	8~17	90
	7	90
	1~6	84
帽頂	14	84
	13	78
	12	72
	11	66
	10	60
	9	54
	8	48
	7	42
	6	36
	5	30
	4	24
	3	18
	2	12
	1	6

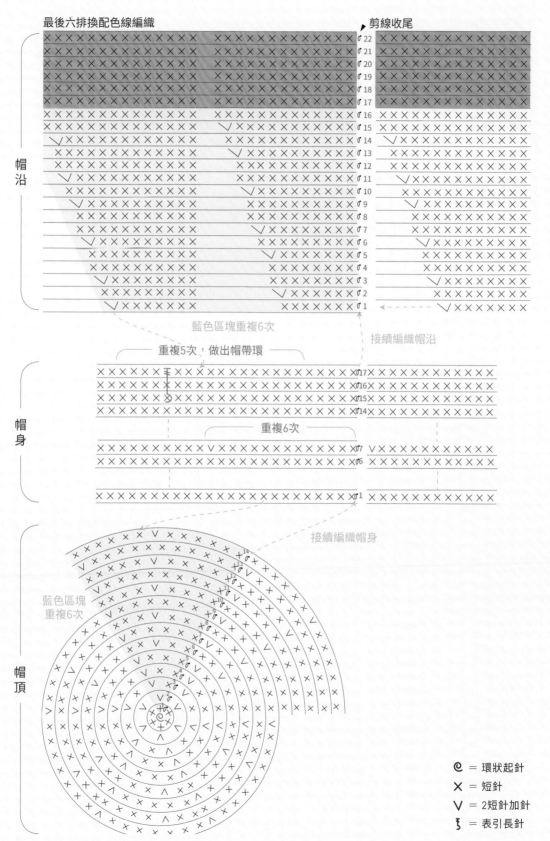

最後六排換配色線編織　　　　　　　　　　剪線收尾

帽沿

藍色區塊重複6次

接續編織帽沿

重複5次，做出帽帶環

帽身

重複6次

接續編織帽身

帽頂

藍色區塊
重複6次

℮ = 環狀起針
✕ = 短針
V = 2短針加針
ᘓ = 表引長針

Advanced ⇒ P.23 · P.88
Arrange ⇒ P.51

材料與工具

使用線材：Ispie 拉菲草紗（125g/捲）
使用色號：主色—淺咖啡色，用量約40g；配色—水綠色或奶茶色，用量約10g
使用工具：日規8/0號鉤針
完成尺寸：頭圍50cm、帽身約7cm、帽沿4cm

編織方法

① 使用單股線編織。
② 環狀起針，同心圓方式編織，每段結束時需製作引拔針。
③ 依照編織圖的指示編織，請注意針數。
④ 帽沿的花樣編為4針一組，要注意入針的位置。

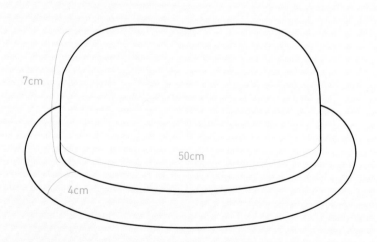

7cm
50cm
4cm

	圈數	針數
帽沿	3	18組花樣
	2	18組花樣
	1	18組花樣
帽身	1~12	72
帽頂	12	72
	11	64
	10	64
	9	56
	8	56
	7	48
	6	48
	5	40
	4	32
	3	24
	2	16
	1	8

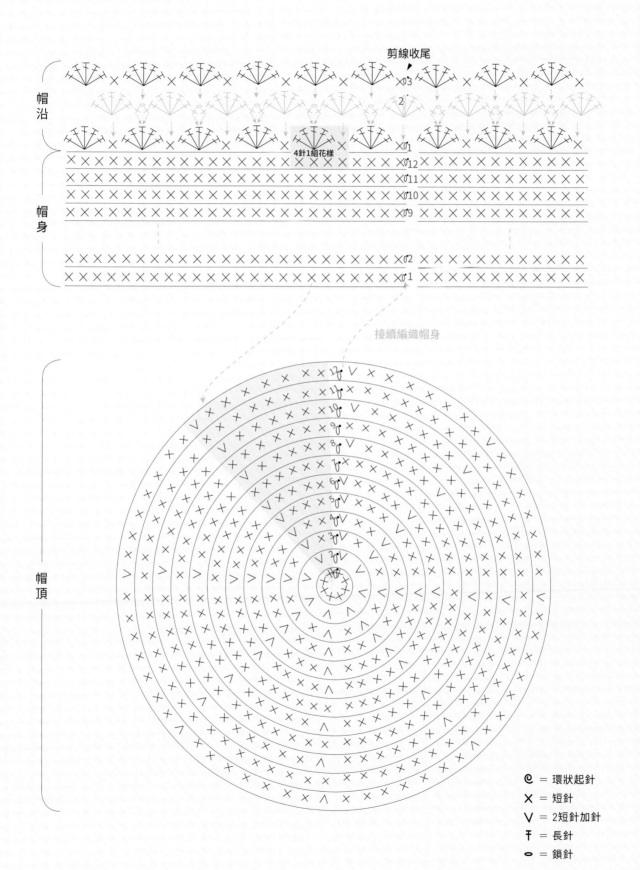

剪線收尾

帽沿

4針1組花樣

帽身

接續編織帽身

帽頂

𝌆 = 環狀起針

✕ = 短針

∨ = 2短針加針

┬ = 長針

 o = 鎖針

Advanced ⇒ P.23 · P.30 · P.88
Arrange ⇒ P.52

材料與工具

使用線材：Ispie 拉菲草紗
　　　　　（125g/捲）
使用色號：奶茶色，用量約144g
使用工具：日規7/0號鉤針
完成尺寸：頭圍57cm、側弧長約
　　　　　16.5cm、帽沿14cm

編織方法

① 使用單股線編織。
② 環狀起針，以同心圓方式編織，
　 每段結束時需製作引拔針。
③ 依照編織圖的指示編織，請注意
　 針數。
④ 帽身與帽沿的模樣編為3針一組，
　 注意入針位置。

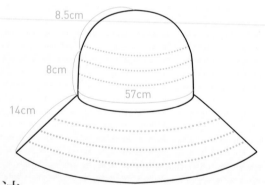

8.5cm
8cm
57cm
14cm

花樣作法

3針為一組花樣，由長針、鎖針、長針組成。

❶

❷

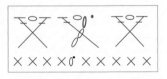

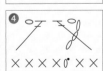
❸

❹

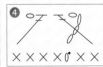
❺

◎ 花樣一圈結束時，引拔針
　 的位置。

	圈數	針數
帽沿	21	186
	20	186
	19	186
	18	180
	17	174
	16	168
	15	162
	14	162
	13	156
	12	150
	11	144
	10	138
	9	138
	8	132
	7	126
	6	120
	5	114
	4	114
	3	108
	2	102
	1	96
帽身	1~9	90
	20	90
	19	84
	18	84
	17	78
	16	78
	15	72
	14	72
	13	66
	12	66
	11	60
	10	60
帽頂	9	54
	8	48
	7	42
	6	36
	5	30
	4	24
	3	18
	2	12
	1	6

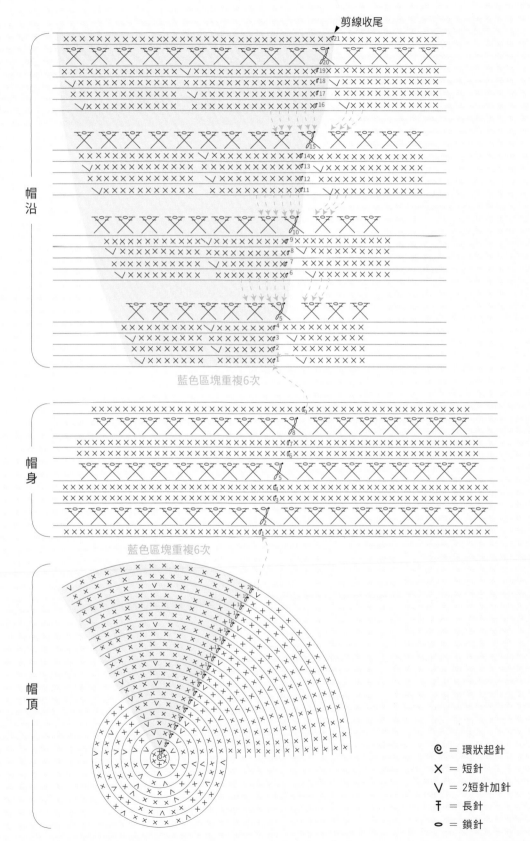

剪線收尾

帽沿

藍色區塊重複6次

帽身

藍色區塊重複6次

帽頂

@ = 環狀起針

✕ = 短針

V = 2短針加針

Ŧ = 長針

o = 鎖針

N

Advanced ⇒ P.23・P.26・P.27・P.89
Arrange ⇒ P.53

材料與工具

使用線材：Ispie 拉菲草紗
　　　　　（125g/捲）
使用色號：主色－奶茶色170g
　　　　　配色－石墨色約10g
使用工具：日規7/0號鉤針
完成尺寸：頭圍56cm、帽身高約
　　　　　9cm、帽沿10cm

編織方法

① 使用單股線編織。
② 用主色環狀起針，以螺旋圓方式編織，每段第一針請放記號圈。
③ 帽身入針方式請特別注意下圖的說明，挑短針背後的一條橫線編織。
④ 帽沿最後一排換配色線編織，編織完成後，多織3個引拔針處理螺旋段差，剪線結束。

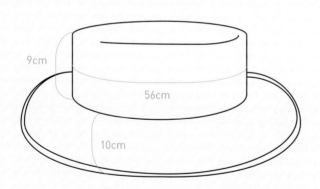

	圈數	針數
帽沿	14~17	168
	13	168
	12	156
	11	156
	10	144
	9	144
	8	132
	7	132
	6	120
	5	120
	4	108
	3	108
	2	96
	1	96
帽身	1~18	84
帽頂	14	84
	13	78
	12	72
	11	66
	10	60
	9	54
	8	48
	7	42
	6	36
	5	30
	4	24
	3	18
	2	12
	1	6

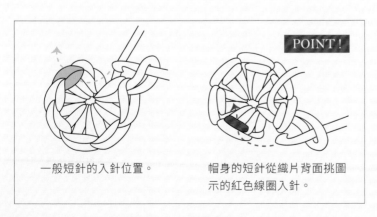

POINT !

一般短針的入針位置。

帽身的短針從織片背面挑圖示的紅色線圈入針。

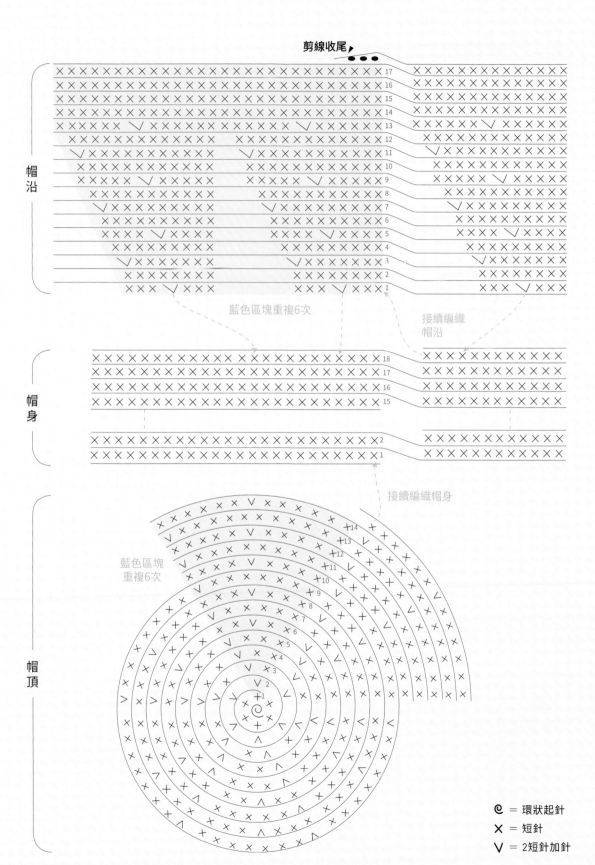

剪線收尾▶

帽沿

藍色區塊重複6次

接續編織
帽沿

帽身

接續編織帽身

帽頂

藍色區塊
重複6次

𝐞 = 環狀起針

✕ = 短針

∨ = 2短針加針

Advanced ⇒ P.22．P.28．P.89
Arrange ⇒ P.54

材料與工具

使用線材：Ispie 拉菲草紗
　　　　　（125g/捲）
使用色號：主色－咖啡色，用量約
　　　　　70g；配色－石墨色，
　　　　　用量約10g
使用工具：日規7/0號鉤針
完成尺寸：頭圍56cm、帽身高約
　　　　　9cm、帽沿5.5cm

編織方法

① 使用單股線編織。
② 用主色環狀起針，以螺旋圓方式
　 編織，每段第一針請放記號圈。
③ 帽頂及帽身入針方式請特別注意
　 下圖說明，挑短針背後的一條橫
　 線編織。
④ 帽身最後三排換配色線編織。
⑤ 帽沿最後一排換配色線編織，編
　 織完成後，多織3個引拔針處理
　 螺旋段差，剪線結束。

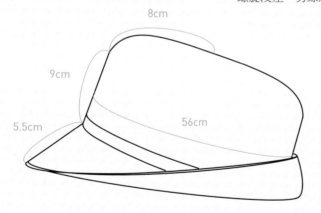

圈數		針數
帽沿	9	120
	8	114
	7	114
	6	108
	5	108
	4	102
	3	102
	2	96
	1	96
帽身	1~18	90
	15	90
	14	84
	13	78
	12	72
	11	66
帽頂	10	60
	9	54
	8	48
	7	42
	6	36
	5	30
	4	24
	3	18
	2	12
	1	6

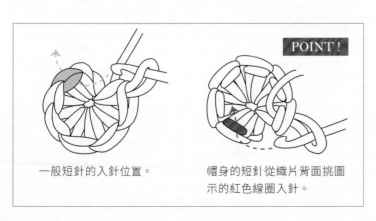

POINT！

一般短針的入針位置。

帽身的短針從織片背面挑圖示的紅色線圈入針。

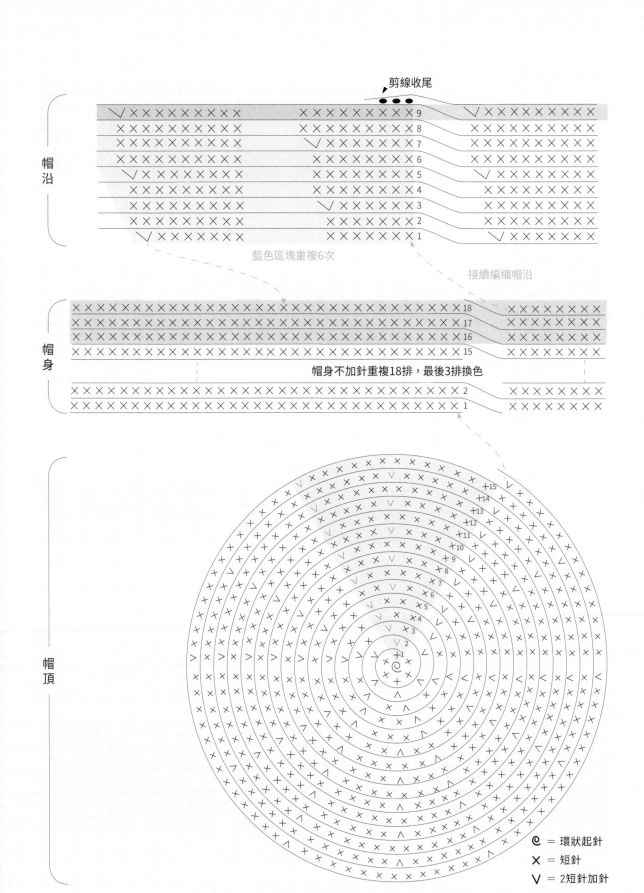

剪線收尾

帽沿

藍色區塊重複6次

接續編織帽沿

帽身

帽身不加針重複18排，最後3排換色

帽頂

🌀 ＝ 環狀起針
✕ ＝ 短針
Ｖ ＝ 2短針加針

Appendix
附 錄

1 編織4個鎖針，在指示位置編織長針。

2 完成第一組花樣。

J、M模樣編作法

J、M作品請照P.49·P.52

3 在圖中的指示位置，編織1個長針。

4 編織1個鎖針，在指示位置編織1個長針。

5 完成第二組花樣。重複步驟3到步驟5，直到一整排結束。

6 最後一組模樣編完成後，在圖中指示的位置製作引拔針，接合一整圈。

L模樣編作法

L作品請照P.51

1 第一排──在第一針的位置編織1個針短針後。

2 隔一針日位置，接著編織5個長針在同一針目。

3 隔一針目位置，再編織1個短針，完成一組模樣編。重複步驟2與步驟3，完成第一排。

4 第一排編織完成後，在圖中的指示位置，製作引拔針接合一整圈。

5 第二排——在上一排的第一針位置上，編織3個鎖針以及2個長針。

6 在上一排5個長針中的第3針，編織1個短針。

7 接著編織一個鎖針後，在步驟6的相同入針處，再編織1個短針。

8 在第一排的短針處編織5個長針。重複步驟6、7、8，完成第二排。

9 第二排完成後，在圖中指示的位置製作引拔針，接合一整圈。第三排作法同第一排，請參照編織圖。

N、O模樣編作法

N、O作品請參照P.53・P.54

1 圖中的指示是一般短針的入針位置。

2 此模樣編請從織片背後，圖示的位置入針，編織短針。

3 織完一針短針的樣子。

草帽的收納與保養方法

◎ 整燙

1 將紙團塞入帽頂中維持形狀。

2 用熨斗蒸汽整燙，可以輕輕順著圓頂弧度整燙。

3 平帽頂的話，可趁蒸汽尚未消散前，用手指在帽頂與帽身的交界處捏出角度，讓線條明確。

4 帽沿順著形狀用蒸汽整燙。

5 鎖針編織成的帽帶整燙後會變得很直順。

◎ 收納

捲收後的帽子可以輕鬆放在包包及行李箱中，方便好攜帶；將帽頂內凹，形狀會較自然。此方法適用於圓帽頂。

1 將帽頂向內凹折。

2 將帽子捲起來。

3 用帽帶綁起固定。

◎ 清潔

本書使用的線材有防水功能，吸水後自然乾燥就可恢復原狀，所以可以下水清洗，但洗過以後的形狀不易維持；建議用濕布內外擦拭過後，用紙團維持著帽頂形狀陰乾即可。

Postscript
後記

　　線在手指間穿梭，手腕不停的轉動；編織時專注在兩手之間的時光，是忙碌生活中與自己好好相處的機會。

　　針數錯了不要緊，針目大大小小也不要緊；可以隨時重來，也可以繼續下去，正是編織的樂趣之一。

　　手勁的變化、針目的控制度、尺寸的掌握；只要花點時間反覆練習，一切都會越來越好噢！

　　預祝你們都能有一段很棒的編織時光。

※ 特別感謝—— 胭脂工作室 提供了很棒的攝影場地！
　　　　　　 Wu Joey和天字帥哥weli waca的幫忙！

若書籍外觀有破損、缺頁、裝訂錯誤等不完整現象，想要
換書、退書，或您有大量購書的需求服務，都請與客服中
心聯繫。

※ 詢問書籍問題前，請註明您所購買的書名及書號，以及
在哪一頁有問題，以便我們能加快處理速度為您服務。
※ 我們的回答範圍，恕僅限書籍本身問題及內容撰寫不清
楚的地方，關於軟體、硬體本身的問題及衍生的操作狀況，
請向原廠商洽詢處理。
※ 廠商合作、作者投稿、讀者意見回饋，請至：
FB 粉絲團 http://www.facebook.com/InnoFair
Email 信箱 ifbook@hmg.com.tw

草帽的編織

作者　　　　毛線球牧場
攝影　　　　李盈靜
責任編輯　　莊玉琳
封面 / 內頁設計　任宥騰
行銷企劃　　辛政遠、楊惠潔
總編輯　　　姚蜀芸
副社長　　　黃錫鉉
總經理　　　吳濱伶
執行長　　　何飛鵬
出版　　　　創意市集
發行　　　　城邦文化事業股份有限公司
　　　　　　歡迎光臨城邦讀書花園
　　　　　　網址：www.cite.com.tw

香港發行所　　城邦（香港）出版集團有限公司
　　　　　　　香港灣仔駱克道 193 號東超商業中心 1 樓
　　　　　　　電話：(852) 25086231
　　　　　　　傳真：(852) 25789337
　　　　　　　E-mail：hkcite@biznetvigator.com

馬新發行所　　城邦（馬新）出版集團 Cite (M) Sdn Bhd
　　　　　　　41, Jalan Radin Anum, Bandar Baru Sri Petaling,
　　　　　　　57000 Kuala Lumpur, Malaysia.
　　　　　　　電話：(603) 90578822
　　　　　　　傳真：(603) 90576622
　　　　　　　E-mail：cite@cite.com.my

客戶服務中心　地址：115 台北市南港區昆陽街 16 號 5 樓
　　　　　　　服務電話：（02）2500-7718、（02）2500-7719
　　　　　　　服務時間：週一至週五 9：30 ～ 18：00
　　　　　　　24 小時傳真專線：（02）2500-1990 ～ 3
　　　　　　　E-mail：service@readingclub.com.tw

ISBN　　　　978-986-95985-4-5
版次　　　　2024 年 6 月　初版 11 刷
定價　　　　420 元

製版 / 印刷　凱林彩印股份有限公司

國家圖書館出版品預行編目 (CIP) 資料

草帽的編織：基本帽型全拆解，帽頂、帽沿自由設
計選搭與變化，鉤出人氣經典手織帽／
毛線球牧場作；
創意市集出版：城邦文化發行　2018.04
　─ 初版 ─ 臺北市 ─面：公分
978-986-95985-4-5 （平裝）
1. 編織 2. 手工藝

426.4　107001841